Cuando menos es más

O de cómo los tucanes nos enseñan a construir aviones

© El autor

1ª edición octubre de 2024
2ª edición junio de 2025

ISBN: 978-84-129141-4-6
D.L.: TO 270-2024

Edita: Almud, Ediciones de Castilla–La Mancha
www.editorialalmudclm.es/web/

Imprime: www.optimaimpresion.es
Impreso en España

Distribuye: Grupo Nahui, SL; Móstoles

Cuando
menos
es más

O de cómo los tucanes nos enseñan a construir aviones

Alberto Donoso

Almud
Ediciones
de Castilla-La Mancha

A María Jesús, Álvaro y Lucía,
por compartir esta ilusión

Índice

"Las Matemáticas son el lenguaje con el que
Dios ha escrito el universo"

Galileo Galilei, 1564-1642

0. Antes de empezar, ¿de qué va esto?

Este es un libro que va de diseño y matemáticas, pero no os preocupéis que no aparecen fórmulas, lo prometo, así que … yo le daría una oportunidad. La verdad es que me resulta sencillo argumentar mi gusto por ambas disciplinas. El acto de diseñar nos abre la puerta hacia lo novedoso porque es sinónimo de crear, innovar, y eso me parece estimulante. Y qué decir de las matemáticas, ese lenguaje universal que explica cómo funciona el mundo y que nos acerca (solo eso) a entender lo complejo y a la vez ordenado que está todo lo que nos rodea… podríamos llenar páginas y más páginas. Sencillamente me fascinan, me hacen feliz.

El título de este ensayo está basado en la cita "*menos es más*", atribuida al arquitecto y diseñador industrial germano-estadounidense Mies van der Rohe. Se trata de una expresión que seguro hemos escuchado infinidad de veces y que también nos hemos aplicado a diferentes situaciones de nuestro día a día. No hay duda en que podría admitir diferentes interpretaciones y matices, pero en definitiva viene a decir que eliminemos los excesos y nos quedemos con lo esencial.

Aunque originalmente esa frase venía asociada al campo de la arquitectura para referirse a una manera de proceder minimalista y funcionalista que evitaba lo superfluo, hoy en día es usada de forma generalizada en el mundo de las artes y el diseño. Y eso es realmente inspirador ya que nos indica que con frecuencia podremos converger hacia mejores diseños empleando menos recursos materiales, en definitiva, diseños más eficientes. Si pensamos ahora en cómo llevar a cabo toda esta tarea de una forma sistemática, no se me ocurre mejor manera que acudir a ellas, a las matemáticas. Unas veces ayudan, otras son sencillamente la herramienta.

Pensando especialmente en aquel lector o lectora que siendo ajeno al tema de este libro le pudiera resultar interesante leerlo, me parecía buena idea aclarar algunos conceptos antes de empezar en materia. Son algunos términos que repetidamente irán saliendo en los siguientes capítulos, y que además son sencillos de entender. Vamos allá.

Una de esas palabras es *estructura,* la cual puede adoptar múltiples significados dependiendo del contexto en que nos encontremos. En particular, en este viene a referir a cualquier objeto o pieza que para cumplir su objetivo se encuentra sometida o expuesta a una serie de esfuerzos. Esa definición tan general nos lleva a considerar ejemplos de estructuras tan dispares como puede ser el soporte de una lámpara de pared, el pistón de un coche o la suela de las zapatillas con las que salimos a caminar.

Seguimos. Cuando una estructura se ve solicitada ante determinados esfuerzos, esta se va a encontrar generalmente trabajando en uno de los siguientes cuatro escenarios: *tracción* (cuando se tracciona o se estira), *compresión* (cuando se comprime o se encoge), *flexión* (cuando se dobla) o *torsión* (cuando se retuerce). Pero también puede ocurrir que se encuentre bajo la acción de la combinación de varios de ellos, que será lo habitual.

Por último, cuando las deformaciones que producen esas cargas son pequeñas, lo cual es una hipótesis bastante razonable en muchas situaciones, la estructura recuperará de nuevo su configuración inicial una vez hayan cesado los esfuerzos (como le ocurre por ejemplo a un muelle). En tales casos que la deformación es reversible se dice que la estructura trabaja en *régimen elástico*.

Dicho esto, el fin de este texto no es otro que dar a conocer una herramienta muy potente y versátil para diseñar estructuras más eficientes que las convencionales. Aunque por ahora el nombre es lo de menos, esta técnica o filosofía a la hora de diseñar se la conoce en la literatura científica como *optimización topológica*.

Con el claro propósito de que una audiencia amplia, sin conocimientos previos de la materia, pueda entender de qué va todo esto, he optado por un estilo descriptivo y divulgativo, intentando evitar tecnicismos allí donde ha sido posible, usando analogías y ejemplos que considero ilustrativos. Por otro lado, haciendo honor al título del libro, he intentado incluir solo lo preciso para transmitir bien la idea, sin emplear para ello más páginas de las estrictamente necesarias. Ojalá y lo haya conseguido.

1. ¿Dónde hay que poner los agujeros?

Seguro que os resulta familiar de lo que os voy a hablar a continuación. Nos ponemos en situación. Resulta que se nos ha roto la pieza de algún electrodoméstico o estropeado algún dispositivo (podría ser el TDT de la televisión o un disco duro extraíble, por ejemplo). Vamos a la tienda y ante las diferentes opciones que nos ofrecen, no terminamos de decidirnos entre piezas o productos de aparentemente similares prestaciones, de modo que ¿con cuál nos quedamos finalmente?

Unas veces es el precio el que claramente inclina la balanza, pero en otras ocasiones es el peso el que decide. Por algún motivo, quedarnos con el objeto más pesado nos da más confianza que escoger otro más liviano.

Esa sospecha o intuición efectivamente será cierta en algunas situaciones, la cual estará fundamentada por unas cuantas razones de diversa índole, pero, en general, no tiene por qué serlo. En las siguientes páginas pretendo desmontar ese pequeño mito en el campo del diseño mecánico y estructural en ingeniería. Para ello, daré argumentos y proporcionaré algunos ejemplos que llevarán a convencernos de que, en general, *peso y funcionalidad no tienen por qué estar reñidos cuando entran en juego para diseñar algo. Es más, la buena noticia es que, en general, se puede llegar a un buen acuerdo entre ambos.* Vamos allá.

Hay dos razones fundamentales que nos llevan hoy en día a diseñar piezas, estructuras o dispositivos funcionales más eficientes, es decir, con un peso moderado o incluso sin exceder este en un cierto valor. La primera de ellas es obvia, porque se ahorra material; y la segunda, que puede darse en bastantes casos, es debida a que ese objeto probablemente forme parte de un sistema más grande que requerirá de un mayor consumo de energía para desempeñar su función, como ocurre, por ejemplo, en cualquiera de las piezas de un coche o de un avión. No hay duda: si un coche o un avión pesa menos, cuesta menos fabricarlo y también cuesta menos alimentarlo.

Imaginad por un momento que tuviéramos que diseñar algún prototipo de lo que fuera. Estaría genial el hecho de poder disponer de algún procedimiento sistemático que distribuyera el material allá donde fuera necesario para potenciar la función de ese objeto. Aunque fijaos que también lo podríamos ver de otra manera. Partimos de un dispositivo ya existente, y tenemos que decidir cuánto material quitamos y de dónde para reducir su peso sin que pierda funcionalidad, en caso de que esto fuera posible. Son dos situaciones diferentes que en esencia buscan lo mismo, potenciar la función de un objeto con la limitación de no superar un peso máximo determinado.

La *optimización topológica* va precisamente en esa dirección. Es una técnica o herramienta que permite hacer lo que aparece descrito en las dos situaciones que acabamos de comentar. Pero para entender bien qué significa realmente vamos a analizar cada una de las dos palabras que componen su nombre: *optimización* por un lado y *topológica* por otro.

La palabra *optimización* es una palabra derivada del verbo optimizar, que viene a indicar el hecho de sacar el mejor provecho de algo. Es claramente un término muy matemático (esto ya deja entrever que las matemáticas están detrás de todo esto), que sin embargo podemos llegar a entender perfectamente porque lo usamos con frecuencia en situaciones cotidianas, aunque a veces nos pase desapercibido: ¿quién no intenta encontrar la manera de ahorrar lo máximo posible teniendo en cuenta ciertos gastos fijos?, o ¿quién no está interesado en dar con el camino más corto cuando se dispone a hacer un trayecto, empleando en ello no más de un cierto tiempo?

Estos son dos ejemplos sencillos donde se pone de manifiesto la idea de hacer algo de la mejor manera posible, pero sujeto a ciertas limitaciones o restricciones. En el primer caso, pretendemos maximizar nuestros beneficios (ingresos menos gastos) para unos determinados gastos fijos; y en el segundo caso, queremos minimizar la distancia recorrida entre dos puntos para un tiempo fijo también. Es lo que se conoce en matemáticas como problemas de optimización con restricciones.

Si ahora nos movemos al contexto del diseño mecánico, y pensamos, por ejemplo, en la rigidez o resistencia mecánica como atributo a potenciar en una pieza, bien podría interesarnos maximizar dicha rigidez para un peso determinado o, por el contrario, minimizar el peso sujeto al requerimiento de una rigidez o resistencia mínima en la pieza. En cualquiera de los dos casos la estaríamos mejorando u optimizando (aún no hemos precisado cómo), ya que minimizar y maximizar son dos acepciones del término optimizar.

El adjetivo *topológica* sin embargo tiene más enjundia desde un punto de vista matemático. Pertenece a la familia de la palabra topología, que en este contexto viene a significar forma, y poco más diremos. Estamos pues ya en condiciones de afirmar que *la optimización topológica se ocupa de encontrar la mejor forma de un objeto destinado para algún fin cuando el peso de este está en juego*. Dicho con otras palabras, es una herramienta matemática que permite hacer un uso eficiente del material que se dispone para distribuirlo de la mejor manera posible al diseñar una pieza sin perder funcionalidad.

Esta técnica fue desarrollada a finales de los años ochenta por el matemático Martin P. Bendsøe y el ingeniero Noburo Kikuchi. Y, aunque inicialmente el concepto de optimización topológica fue concebido para diseño estructural, principalmente en los sectores de la automoción y aviación, a día de hoy se ha aplicado y se sigue haciendo de forma satisfactoria en otros muchos contextos físicos, tal y como ilustraremos en capítulos posteriores. Se trata por tanto de una herramienta sistemática de diseño conceptual muy versátil que conecta de forma natural a la par que vanguardista la matemática y la ingeniería de diseño.

Puede ayudar el pensar que la optimización topológica actúa de forma similar a como lo hace un escultor, que partiendo de la pieza en bruto la va tallando poco a poco hasta dejar ver los detalles de su obra.

Con el fin de llegar a entender mejor este nuevo concepto de diseño, vamos a considerar la siguiente figura, la cual se corresponde con el prototipo del chasis de un dron. Esa estructura es funcional para ciertas hipótesis mecánicas

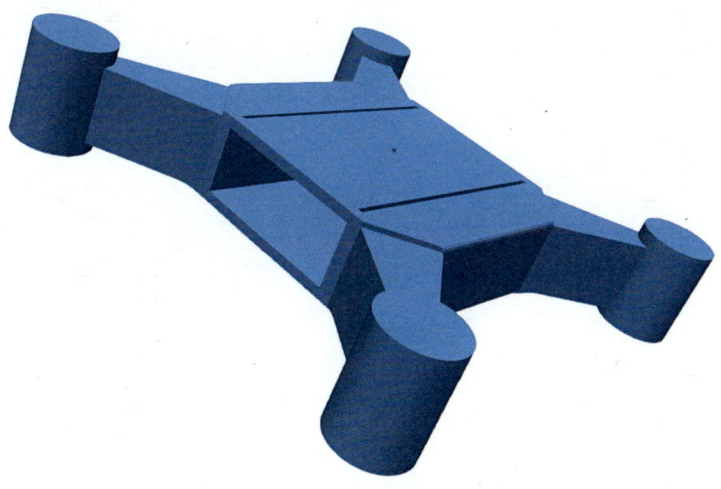

de funcionamiento en las que no vamos a entrar ahora. Sabiendo eso y partiendo de tal configuración como punto de partida, la pregunta que nos hacemos es la siguiente: ¿se puede aligerar la estructura sin perder funcionalidad?; y en caso afirmativo, ¿de dónde retiramos o quitamos material?, lo que en definitiva equivale a preguntarnos *¿dónde hay que poner los agujeros?*

La siguiente imagen muestra el resultado obtenido con esta técnica de optimización. Esta se corresponde con la estructura del dron más rígido posible que ocupa el 30% del espacio inicial de diseño. Lo interesante de esta nueva distribución es que es igual de funcional que la anterior, pero es más eficiente porque emplea menos de la mitad de material. Así de contundente. Este es un claro ejemplo de cuándo menos es más, y de que precisamente saber dónde poner los agujeros es todo un arte.

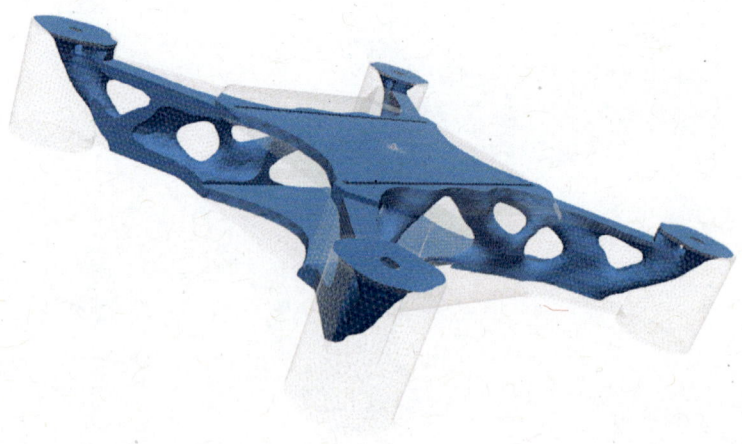

Conviene enfatizar que la configuración óptima que nos proporciona la herramienta no hay que considerarla necesariamente como un producto final. Lo comentaremos más adelante. Perfectamente podría tratarse de un nuevo concepto de estructura o un nuevo punto de partida desde el que considerar o explorar nuevos aspectos de diseño, anteriormente no considerados, como cuestiones puramente estéticas, entre ellos.

Hay que decir que el interés suscitado por este tipo de problemas en los últimos veinte años ha propiciado el desarrollo de varios softwares en abierto y también de otros comerciales de optimización topológica, utilizados cada vez más en el sector ingenieril, en particular, en las industrias del automóvil y aeronáutica. Es ya un hecho que esta filosofía de diseño lleva tiempo imponiéndose en empresas que optan por metodologías de diseño más eficientes, y qué duda cabe que lo seguirá haciendo. Pensad que, hoy en día, la optimización topológica es ya una tecnología usada en fabricación aditiva (o impresión 3d) para producir piezas de geometrías complejas.

¿Por dónde pasa entonces el futuro más inmediato de la optimización topológica? No es fácil anticipar una respuesta, teniendo en cuenta que a nivel práctico es una herramienta de diseño conceptual bastante consolidada actualmente en el ámbito del diseño industrial, y que parece haber tocado techo. Sin embargo, aún quedan por entender algunas cuestiones importantes en las que no entraremos aquí que, desde un punto de vista matemático, permitirían abordar problemas mucho más complicados que el descrito en este libro, ya sea por la física involucrada o por las restricciones del proceso de fabricación considerado.

Aunque de momento no hemos explicado cómo llevar a cabo todo esto en su versión más sencilla (encontrar la configuración más rígida posible para un peso dado), sí hemos dejado entrever que hay matemáticas detrás, y que este problema puede formularse como uno de optimización con restricciones. No ahondaremos más en todo esto, lo dejamos para el siguiente capítulo, donde además revisaremos los ingredientes necesarios de un problema de tales características (pero sin usar fórmulas, que no se me ha olvidado).

2. ¿Se puede reducir una tonelada en un Boeing 777?

Llevar a cabo las diferentes etapas del diseño de un producto es una tarea apasionante a la vez que desafiante, ya que confronta al profesional con el difícil reto de mejorar ciertas prestaciones teniendo que satisfacer a la vez algunos aspectos que en muchas ocasiones son antagónicos.

Aunque la experiencia de personal experto es de suma importancia en todas esas etapas, en otras ocasiones quizás menos intuitivas la optimización se torna fundamental como herramienta de diseño, siendo a veces la única vía para cumplir ciertos requerimientos específicos, tal y como veremos en capítulos posteriores. La forma de conseguir estructuras más eficientes por medio de la optimización es lo que se conoce en la literatura como *optimización estructural*, y podemos encontrar un amplio espectro de este tipo de problemas despendiendo esencialmente de los parámetros que decidamos optimizar.

Hay tres ingredientes fundamentales en todo problema de optimización con restricciones: (1) la función objetivo o aquello que queremos potenciar u optimizar de alguna manera, bien maximizándola o minimizándola; (2) las restricciones que deben ser satisfechas, donde el peso es habitualmente determinante y suele ser una de ellas; y (3) las variables o incógnitas del problema, que son aquellos parámetros que podemos cambiar o variar dentro de unos límites para que se potencie (1) a la vez que se cumpla (2). En particular, en el contexto del diseño mecánico o estructural una función objetivo muy utilizada es la rigidez (que es la resistencia que una estructura opone al deformarse) como funcionalidad de la pieza a potenciar. Como decíamos, una restricción muy común vendría dada por el máximo peso impuesto. Por último, la elección de las variables requeriría de una mayor discusión y por eso en la siguientes líneas vamos a comentar las diferentes opciones que tenemos.

Imaginad que queremos diseñar el cuadro de bicicleta más rígido posible para un peso dado. Vamos a asumir (esto ya limita la elección del tipo de variables a utilizar) que el cuadro se compone de varios perfiles tubulares, es decir, barras de sección de tipo corona circular, determinadas por un radio interno y otro externo. Si, por ejemplo, el cuadro de la bici quedara conformado por las cinco barras que aparecen en la figura, contaríamos con diez variables, los valores de los radios interiores y exteriores de cada barra, que serían las incógnitas de nuestro problema de optimización.

Sección Tubular

Conviene pararse aquí un poco y razonar por qué es más conveniente usar perfiles de tipo tubular que perfiles macizos de sección circular, determinados entonces por un único radio externo, en este caso. Aunque esto excede de los objetivos de este libro, se pueden dar algunas explicaciones al respecto.

Cuando uno monta en bicicleta, las típicas acciones de acelerar, frenar o pillar un bache someten a las barras del cuadro a unos esfuerzos que hacen que estas se deformen esencialmente doblándose (pero no os preocupéis, es muy poco y, en general, no se suele apreciar). Se dice entonces que las barras trabajan fundamentalmente a flexión en lugar de a tracción o a compresión (que también, pero menos), que sería el equivalente a estirarse o encogerse, respectivamente.

ALBERTO DONOSO

Conocimientos básicos de resistencia de materiales afirman que los perfiles que mejor aguantan esos esfuerzos son aquellos que tienen más inercia, es decir, aquellos que tienen la masa lo más alejada del centro de gravedad de la sección del perfil. Como estamos considerando secciones circulares, el centro de gravedad coincide con el centro de la circunferencia. Esto pone de manifiesto un hecho interesante y es que, si elegimos perfiles circulares, las coronas son mejores que los círculos para una misma área, volumen o peso, da igual, siempre y cuando se trabaje fundamentalmente a flexión o a torsión. En otras palabras, distribuir el material disponible en forma de corona es mucho más eficiente (es óptimo, de hecho) que hacerlo en forma de círculo cuando las barras están sometidos a esfuerzos que tienden a doblarlas. Esto conecta perfectamente con la reflexión que el prestigioso zoólogo norirlandés y experto en biomecánica, R. McNeill Alexander, hacía en su libro *Optima for Animals*, donde sostenía que las estructuras de los huesos más largos en los mamíferos han evolucionado (en verdad evolucionar no deja de ser una forma de optimizar en tiempo real) hacia perfiles tubulares, ya que esta es la mejor manera de resistir fuerzas que tiendan a doblarlos para una misma longitud y peso dados.

Volviendo al problema que nos ocupa, el del cuadro de la bicicleta, diremos que matemáticamente hablando se trata de un problema de optimización de tamaño. Se llama así porque el número y el significado de las variables se conoce a priori, en este caso, diez incógnitas correspondientes a los valores de los radios de las barras, pero se desconoce el *tamaño* de las mismas (los radios). Y este es un problema que se sabe resolver. Diferente sería asumir que el cuadro de la bici no va a estar conformado por barras, y que optamos por un cuadro menos convencional como el que aparece en la siguiente figura, con el que el ciclista navarro Miguel Induráin se proclamó campeón del mundo en 1994 del récord de la hora en Burdeos.

https://www.flickr.com/photos/netspi/19053680735. Autor: netspi

Atendiendo más a cuestiones relacionadas con la resistencia aerodinámica que a otra cosa, el diseñador Fausto Pinarello diseñó "La Espada", una de las bicis más icónicas de la historia, fabricada en un monocasco de carbono de poco más de 7 kilos de peso. Si nos fijamos en el cuadro, es la curva o forma exterior del mismo la que esencialmente determina su geometría, así que esa podría ser ahora nuestra incógnita, la *forma*. Este problema también se puede modelar como uno de optimización, y aunque no viene a cuento ahora, tiene un tratamiento matemático totalmente diferente al anterior, y, en general, diría que también es bastante más difícil de resolver.

La pregunta que nos hacemos ahora es la siguiente: ¿sería posible abordar el problema de optimización desde un formato más general, y que pudiera englobar, de alguna manera, los dos casos anteriores? Estamos de suerte, la respuesta es afirmativa, pero hay que cambiar el enfoque.

El nuevo punto de partida consistiría en fijar una región del espacio que ocuparía la estructura en cuestión. Podría ser una especie de pieza en bruto, sin determinar, o la primera versión de un prototipo, en la que especificaríamos varias cosas: dónde está sujeta, a qué esfuerzos está sometida, si hay ciertos huecos o agujeros que respetar durante el diseño, así como zonas donde sería obligatorio que hubiera material por el posible contacto con otra pieza del sistema

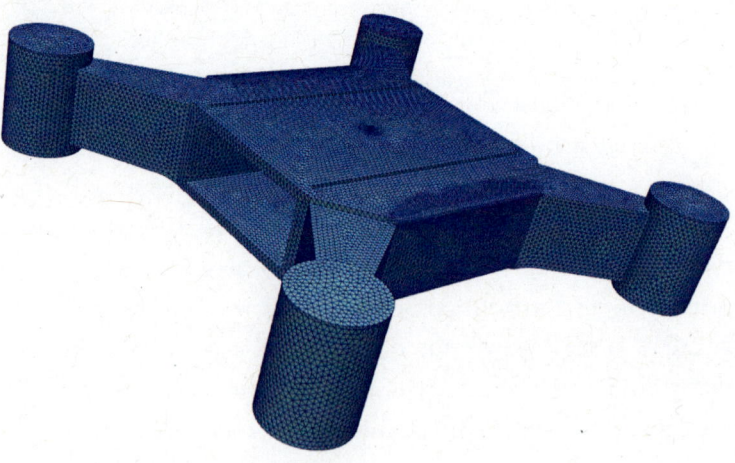

donde podría ir ensamblada. En caso de que quisiéramos o fuera necesario aligerar la estructura, ¿de dónde retiramos o quitamos material? Vamos a recuperar el ejemplo del dron del capítulo anterior para ejemplificar la forma de proceder, lo que supone tomar la anterior figura como la versión cero de nuestra estructura. ¿Qué hacemos ahora?

La idea es *trocear* virtualmente la región de diseño en elementos tridimensionales bastante pequeños (no tienen por qué ser del mismo tamaño), que en la literatura científica se conocen como elementos finitos. Una vez hecho esto, podría parecer evidente preguntarnos ahora ¿qué trocitos quitamos?, ¿cuáles son los menos importantes? Es decir, ¿cómo de sensible es la rigidez de la estructura a la eliminación de cada uno de los trocitos en los que hemos dividido el dron de la estructura anterior?

La respuesta a esto nos la da un objeto matemático llamado *derivada*, que mide precisamente eso, cómo cambia algo respecto a otra cosa de la cual depende. La derivada es una operación matemática que nos cuantifica esa sensibilidad, en nuestro caso, la de la rigidez de la estructura respecto a un trocito arbitrario de los muchos que hay. Y, claro, esa cuenta habría que hacerla con todos los trocitos. Además, lo curioso de esto es que el valor numérico de esas derivadas permite ordenar la importancia de todos esos trocitos en el conjunto, así como proponer cuáles serían los candidatos que retirar.

Una vez hubiéramos terminado con todos esos cálculos, deberemos hacer recuento y ver si con los elementos que hemos quitado en una primera etapa respetamos el máximo peso establecido, no sea que hayamos retirado más de la cuenta o, todo lo contrario, que nos hayamos quedado cortos. Esto nos lleva a repetir el cálculo de todas las derivadas y a hacer el recuento de elementos unas cuantas veces más hasta que, de alguna manera, dicho proceso se estabilice.

Esta forma de proceder nos deja también entrever otro aspecto importante, y es que necesitamos recurrir a un ordenador con un algoritmo implementado que nos haga todas esas cuentas por dos razones: porque hay muchos trocitos, y porque hay que repetir esa tarea muchas veces. Decimos en ese caso que se trata de un proceso iterativo.

En cada iteración o etapa el algoritmo nos mostraría por pantalla una configuración mejorada de la estructura respecto de la versión anterior que es lo que nosotros llamamos *simulación numérica*. Si unimos todas ellas a modo de fotogramas, se crearía una película con un final que terminaría en una representación virtual de la forma óptima que debería adoptar la pieza. En ella se vislumbraría finalmente la distribución de material que definiría la topología de la pieza no solo por la parte exterior sino también por la interior.

El número de los agujeros internos, sus formas y tamaños es lo que determina la topología en una estructura, y esta es la razón por la que el término optimización topológica se refiere a la distribución de agujeros en una estructura con el objetivo de optimizar alguna de sus características mientras ciertas restricciones se satisfacen, siendo el peso la más habitual entre ellas, sino la única como en muchos casos.

Como apuntaba el arquitecto francés Robert Le Ricolais *"El arte de una estructura estriba en saber cómo y dónde disponer los huecos"*, lo que viene a decir que la clave está en los agujeros. Esto no está para nada motivado por ningún capricho estético. Nuevamente, atendiendo a cuestiones de mecánica de sólidos, sabemos que la aparición de agujeros dota de mayor rigidez a estructuras que trabajan a flexión o a torsión, como le ocurre al caso del dron. Esto enfatiza el hecho de que una adecuada distribución de material es crucial para diseñar estructuras más eficientes, y que por tanto peso y funcionalidad no están para nada reñidos durante el proceso de diseño. Simplemente hay que saber conjugar ambos, y las matemáticas lo saben hacer realmente bien gracias a la optimización.

Conviene destacar que es muy importante que troceemos bien fino la región de diseño, de lo contrario, en general, no se obtendrá una geometría optimizada en la que apreciar bien todos los entresijos de la estructura. Pensad que, si ciertos detalles estructurales que podrían aparecer son más pequeños que el tamaño de los trocitos considerados, entonces obviamente no los vamos a poder capturar.

Deberemos pues considerar muchos trocitos para afinar bien, lo que nos puede llevar a trabajar con un montón de variables, del orden del millón, o más si cabe, como veremos en un rato. El hecho de tener que trabajar con un mayor número de variables no cambia la dificultad del problema, algo que comentaremos también en el siguiente capítulo, pero sí que puede disparar el tiempo de cálculo de la máquina u ordenador que tiene implementado el algoritmo destinado a resolverlo. Y es que puede llevar varias horas o hasta días resolver un problema de estas características si queremos llegar a la configuración óptima del chasis del dron, o a la del ejemplo del que nos ocupamos a continuación.

Este nuevo caso se corresponde con la optimización de la mangueta de un coche, una pieza que une la dirección con la suspensión de la rueda. Tiene una función muy importante, ya que permite al conductor controlar la dirección del coche y mantener también una alineación correcta de los neumáticos en todo momento. A diferencia del ejemplo anterior donde partimos de un prototipo, en esta ocasión se ha cogido un diseño ya existente correspondiente a una mangueta convencional de un turismo. Usando optimización topológica se demuestra que es posible eliminar más del 50% de material para obtener una pieza más ligera y funcional a la vez, en definitiva, una estructura más eficiente, que posteriormente habría que postprocesar. Luego volveremos a esto.

Probablemente en este punto os estéis haciendo la siguiente pregunta: ¿qué nos indica que una pieza ya existente tenga margen de mejora, es decir, que se pueda eliminar material de ella sin que con ello pierda funcionalidad? La respuesta la tiene un pequeño test que a modo de chequeo nos indica si es posible o no. A grandes rasgos, lo que se hace es analizar con un programa informático especializado cómo se comporta la pieza cuando la sometemos a unos esfuerzos virtuales similares a los que esta sufriría en la realidad. De ese análisis podemos obtener mucha información, pero el marcador estructural que más nos interesa es uno llamado *tensión*. Este se calcula en cada trocito porque es local y su valor nos indica cómo de estresado está ese elemento en concreto.

Seguimos con un poquito más de teoría. Cuando una pieza está sometida a unos esfuerzos no demasiado exigentes, entonces esta se deforma, y cuando cesan los esfuerzos, la pieza recobra la forma original, como si de un muelle se tratara. Se dice entonces que la pieza trabaja en régimen elástico, y lo hace hasta un cierto punto. Ese umbral nos lo da un parámetro que se llama *tensión de fluencia*. Esto quiere decir que si la tensión en algunos trocitos sobrepasa ese valor crítico, la pieza permanecerá deformada para siempre, pudiendo con ello alterar su funcionamiento y comportamiento dentro del conjunto donde se encuentre ensamblada.

Si, en general, la pieza está poco estresada, es decir, si se encuentra trabajando muy por debajo del valor umbral anteriormente comentado, entonces hay margen de mejora. Y si hay zonas muy estresadas respecto a otras que no lo estén tanto, entonces también porque probablemente la pieza pueda admitir un diseño más eficiente. Claramente, en cualquiera de estas dos situaciones, hay margen para que la optimización topológica actúe.

Un caso de estudio bastante sorprendente fue el publicado en la prestigiosa revista *Nature*, realizado por unos investigadores daneses en el año 2017. En dicho trabajo optimizaron la estructura interna del ala de un avión modelo similar al de un Boeing 777 usando más de un billón (con b) de elementos. Como curiosidad os diré que la simulación tardó cerca de 4 días usando 8000 CPU trabajando en paralelo (algo que no está al alcance de cualquiera). La conclusión interesante de aquel trabajo fue que usando la distribución óptima que habían obtenido, conseguían reducir entre un 2% y un 5% el peso de cada ala. Como el peso de ambas alas rondaba las 20 toneladas, eso suponía, en el mejor de los casos, bajar el peso del avión en 1000 kilos, es decir, en una tonelada.

Puede parecer poco, teniendo en cuenta el peso total del avión (no solo las alas), pero resulta que la bajada en ese pequeño porcentaje de peso en las alas tendría una gran influencia a nivel energético, ya que implicaría reducir el consumo de combustible entre 40 y 200 toneladas al año, lo cual no está nada mal con los tiempos que corren. En fin, un nuevo ejemplo que pone de manifiesto la tesis de este libro.

Hay que saber que se necesitan conocimientos avanzados en matemáticas para primero, entender las dificultades que subyacen al aparentemente inocente problema de *dónde poner los agujeros*, y segundo, para poder desarrollar los algoritmos que implementados en un ordenador permitan resolver un problema como el que acabamos de comentar.

Con el fin de seguir poniendo en valor las matemáticas que hay detrás del espejo, el siguiente capítulo explora algunos de los inconvenientes que nos podemos encontrar al simular un problema de estas características. Y más importante aún, veremos cómo interpretar correctamente las soluciones obtenidas mediante interesantes analogías con nuestro tejido óseo.

3. ¿Sabe nuestro tejido óseo de matemáticas?

Antes de empezar a desvelar algunas de las dificultades matemáticas que hay detrás de este tipo de problemas, me gustaría hacer un pequeño inciso y comentar lo que en la opinión de muchos miembros de la comunidad científica (entre los que yo me incluyo) supuso el origen de la optimización estructural como hoy la conocemos, así que vamos con un poquito de historia.

En 1904 el ingeniero australiano A.G.M. Michell publicó un artículo sobre optimización estructural que hoy en día es considerado como pionero y fundamental en este campo. En aquel destacable trabajo, se indicaba cómo se podían diseñar estructuras óptimas con poco peso para unas situaciones de cargas relativamente sencillas.

Algo que caracterizaba a todos esos casos era que las topologías óptimas estaban formadas por muchas barras de espesor muy fino, trabajando todas ellas al mismo nivel de esfuerzo, bien a tracción (estirándose) o bien a compresión (comprimiéndose), como si de fibras musculares se tratasen. El hecho de que todas las barras estuvieran igual de tensionadas (o estresadas) hacía pensar que tales configuraciones eran realmente eficientes, ya que existía un perfecto equilibrio en términos de tensiones en todas las barras que las conformaban. ¡Todas ellas estaban trabajando al máximo de sus posibilidades!

Queda más claro si usamos un ejemplo de estructura plana o en dos dimensiones para entender mejor todo esto. La siguiente configuración se corresponde con la mejor cercha o celosía (así se llama a esa disposición de las barras) que encontrándose impedida en su lado izquierdo (esa par-

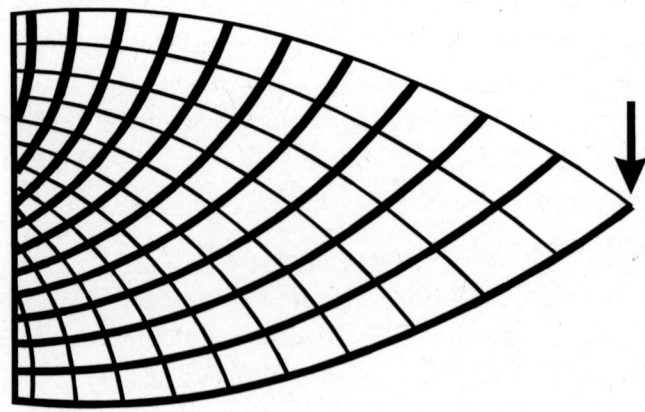

te no se mueve), es capaz de soportar la carga vertical que aparece aplicada en el punto medio del lado derecho.

Estas topologías óptimas, llamadas *estructuras de Michell*, se caracterizaban también porque todas las barras intersecaban unas con otras siempre perpendicularmente o en ángulos rectos, tal y como se muestra también en la figura.

Curiosamente, si uno examina en detalle esas trayectorias, resulta que siguen el camino de lo que se conocen como *direcciones principales* de la tensión. Ese nombre es debido a que estas direcciones las podemos ver como un conjunto o mapa de curvas que nos indican qué partes de la estructura están trabajando a tracción pura y, por contra, cuáles otras a compresión pura.

El siguiente caso de estudio ilustra muy bien esto último que acabamos de comentar para estructuras óseas, lo que nos lleva a referir la *Ley de Wolff*. Formulada por el destacado anatomista y cirujano alemán Julius Wolff en el siglo XIX, dicha ley postulaba que el tejido óseo tenía la capacidad de ajustarse y adaptarse en función de las cargas mecánicas a que se veía sometido. En mi opinión, una verdadera prueba de que el organismo es óptimo sin duda.

Para entender bien la conexión entre ambos ejemplos, nos fijamos en la siguiente figura, que representa la cabeza de un fémur humano sujeto a los esfuerzos habituales al caminar, en los que no vamos a entrar ahora. Las curvas que aparecen en color rojo indican las direcciones principales de la estructura que están trabajando a tracción y las de color verde las que van a compresión. Podemos apreciar que se trata de un perfecto sistema de curvas ortogonales (dos a dos), ya que en cada punto de intersección, si nos acercamos lo suficiente, confluyen dos curvas formando un ángulo de noventa grados.

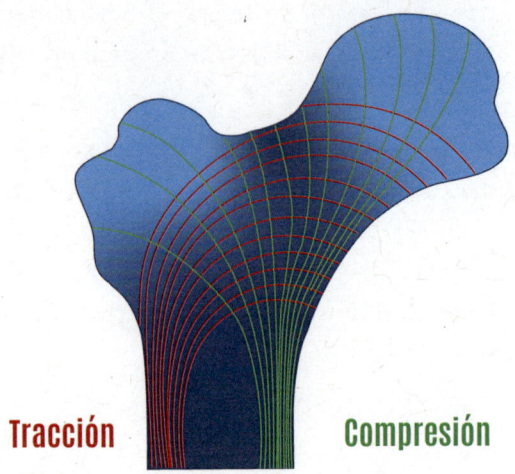

Tracción   **Compresión**

Volviendo de nuevo al problema de las barras esto querría decir que, para diseñar una prótesis de fémur óptima, la estructura se debería reforzar siguiendo esas direcciones tan especiales. De esa manera podría absorber todos los esfuerzos a los que está sometida. Lo fascinante de todo esto es que las condiciones óptimas que postuló Michell muchos años atrás orientaban esas barras a favor de la tensión, y por tanto de la mejor manera posible para poder canalizar todos los esfuerzos que recibía la estructura en esas direcciones tan particulares. En fin, una auténtica maravilla.

Debemos esperar varios años después hasta que se establecieron las bases para encontrar un procedimiento que pudiera implementarse en los ordenadores para llevar a cabo el diseño óptimo de estructuras de una forma sistemática mediante la optimización topológica en situaciones mucho más generales. Ese es el trabajo pionero a cargo de los investigadores M.P. Bendsøe y N. Kikuchi que mencionamos en el primer capítulo, ya que, recordamos, el anterior enfoque de Michell es solo válido para situaciones no demasiado complejas.

Antes de continuar, es el momento de revelar algo importante. Puede sonar extraño lo que voy a decir a continuación, pero resulta que el problema matemático correspondiente a distribuir una cantidad prefijada de material en una región del espacio con el fin de maximizar la rigidez estructural de una pieza, es decir, el problema del que llevamos ya hablando unas cuantas páginas, no tiene solución de la manera que uno espera. No me voy a entretener en justificar el porqué de esta ausencia de solución, ya que queda lejos del alcance de estas notas, pero intentaré dar algunos argumentos convincentes acerca de lo que está pasando.

Se sabe (atención que esto es importante), que la configuración óptima que maximiza la rigidez en una estructura tal que su peso no exceda en un cierto valor está formada, en general, por un material poroso no homogéneo, es decir, un material compuesto de dos fases, el material de partida (o fase sólida) y el vacío (o fase vacía), cuya proporción es local, así que cambia punto a punto. La forma en que se mezclan ambas fases a esa escala tan pequeña para dar lugar a esa aleación porosa es lo que recibe el nombre de *microestructura*, y esta solo se hace visible en presencia de un microscopio.

Un ejemplo paradigmático de todo esto lo tenemos más cerca de nosotros de lo que pensamos, en nuestro propio tejido óseo, ya que este presenta un excelente equilibrio entre rigidez y ligereza. Los huesos son óptimos, es decir, son perfectos aquí y ahora, y atendiendo a cómo están configurados, podemos aprender incluso algo de matemáticas. Para ello, vamos a recuperar el ejemplo anterior, ya que nos va a resultar muy ilustrativo.

A grandes rasgos, podemos decir que la estructura ósea de la mayoría de los huesos, en particular, la cabeza del fémur, queda dividida en dos partes, una es la cortical y la otra, la trabecular. La parte cortical es la parte sólida más externa del hueso, y es también la más resistente. Su interior está lleno de orificios y canales, atravesados por vasos sanguíneos y nervios. La parte trabecular es la que está situada en la parte más interna del hueso, y, por el contrario, presenta una estructura porosa en la que el tamaño del poro va

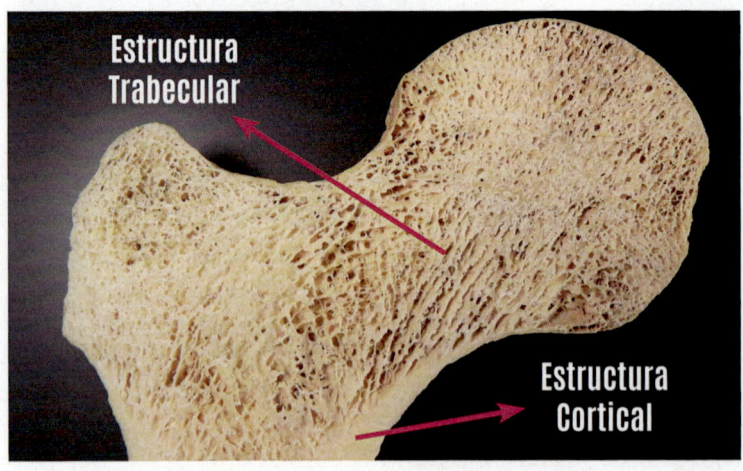

cambiando, dependiendo del punto en cuestión. Y, además, curiosamente dichos poros se alinean con las direcciones principales de la tensión.

Vamos a recordar ahora lo que algoritmo destinado a resolver el problema de optimización topológica tiene que hacer cuando se pone manos a la obra. Mediante el cálculo de las derivadas, que explicamos en el capítulo anterior, tiene que determinar qué trocitos deben permanecer (aquellos que asociamos con la fase sólida), y cuáles desaparecer porque son menos importantes (los que asociamos con la fase vacía), satisfaciendo en todo momento la restricción de volumen. De ahora en adelante, a los trocitos de fase sólida les daremos el valor de 1, y a los trocitos de la fase vacía les asignaremos el valor de 0. Pero ocurre que hay algunos trocitos que no llegan a desaparecer del todo, y, claro, a esos les tenemos que asociar un valor de cero con algo. Lo vemos ahora en términos de colores.

Si la fase sólida la representamos con el color negro, y la fase vacía con el blanco, no queda más remedio que simbolizar a esos elementos que se resisten a desaparecer con cierta tonalidad de gris, con el fin de ser coherentes. Y el grado de la tonalidad de ese gris será un indicativo de la resistencia que ofrezcan a ser eliminados. Es decir, aquellos que tengan un valor de cero con algo alto, por ejemplo 0.8, serán más importantes en el conjunto que aquellos otros que tengan un cero con algo más bajo, como 0.2.

Retomamos el ejemplo con el que abríamos el capítulo. La siguiente figura representa la estructura óptima bidimensional que, estando sujeta en su lado izquierdo, soporta la carga puntual aplicada en la mitad del lado derecho.

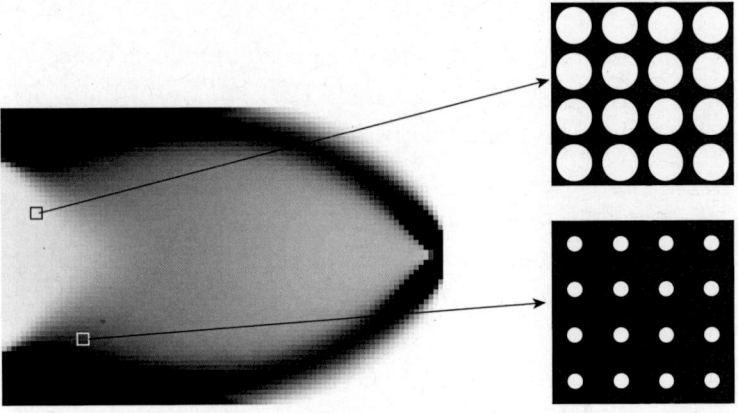

Si bien lo óptimo, tal y como se aprecia, se corresponde con dos barras curvas dispuestas simétricamente y de espesor variable, ¿cómo interpretamos las zonas grises? Intuimos que tendrán algo que ver con alguna forma de mezclar material y vacío con la idea de asemejarse lo más posible a un material poroso. Eso es lo que veríamos a escala microscópica si cogiéramos una lupa, pero a medida que nos fuéramos alejando confundiríamos con zonas de diferente nivel de gris.

La analogía es clara si lo comparamos con un hueso. Las barras curvas representarían la parte cortical y las zonas grises se corresponderían con la parte trabecular, que era la porosa. Aunque esto que voy a afirmar a continuación requeriría de un mayor debate, podríamos decir que, en general, allá donde el color gris sea más intenso, entonces los poros serán más pequeños; y donde el gris resulte más tenue, los poros serán mayores. Ahora ya entendemos por qué las estructuras óptimas son porosas, ya que estas intentan emular a los huesos humanos, que como decíamos, representan un perfecto compromiso entre rigidez y ligereza.

Lo que ocurre es que, en general, no resulta fácil construir una estructura de porosidad variable, es decir, cuyo tamaño de poro vaya cambiando punto a punto. Como al final lo que nos interesa por cuestiones de fabricación es saber dónde poner material y dónde no, tenemos que decirle al problema que penalice los trocitos de color gris y les asocie o material o vacío.

En realidad no basta solo con eso, ya que para conseguir una estructura, digamos, fabricable, tenemos que añadir a la formulación del problema nuevos ingredientes. Y ahí es donde entran en juego los *filtros*, unas herramientas matemáticas muy interesantes que llevan tiempo aplicándose al tratamiento de imágenes digitales con el objetivo de mejorar su calidad.

Las típicas acciones que realiza un filtro son el suavizado de la imagen, eliminación de ruido, detección de bordes, u otras menos científicas como retocar algunas de las fotos que se publican en las redes sociales.

Una imagen digital viene dada por una matriz de píxeles (esto es, una disposición rectangular de números), y el filtro es simplemente una operación matemática que se aplica a esos píxeles con el objetivo de conseguir algún efecto en la imagen, como los mencionados anteriormente. La pregunta surge de forma natural: ¿qué relación guarda esto con nuestro problema de optimización topológica?

La analogía está en que nuestra estructura óptima la podemos caracterizar también por una matriz, ya que viene a ser una imagen de unos, ceros y números entre cero y uno, que son los grises.

Tras aplicar un filtro de ciertas características (además de otras herramientas que no hemos mencionado), podemos llegar a configuraciones en las que finalmente todos los trocitos tomen valores muy próximos a 0 o 1, tal y como muestra la siguiente figura.

Conviene recalcar que esta forma de proceder no encuentra la mejor solución posible (que, en general, sabemos que se corresponde con un material poroso), pero en su lugar nos proporciona una alternativa muy buena también que sí es fabricable, en la que, además, gracias al filtro, podemos controlar el tamaño (sección mínima) de las barras que aparecen.

Además, se sabe que modificando convenientemente algunos de los parámetros del filtro, podemos hacer que aparezcan un mayor número de barras en los diseños finales a costa de que sus secciones se hagan cada vez más pequeñas, siempre para un mismo volumen. Y también se conoce que cuanto más barras aparezcan y más finas sean estas, la configuración será más rígida. De hecho, cabría esperar que a medida que fuéramos reduciendo la sección de las barras, la estructura resultante se pareciera cada vez más a la estructura de Michell con la que abríamos este capítulo. Pero matemáticamente aún queda por entender bien qué ocurre cuando el volumen considerado tiende a cero, y si en ese caso la solución convergería a las direcciones de las tensiones principales, lo que en definitiva constituye el *esqueleto* de la estructura.

Resolver un problema de optimización topológica en tres dimensiones no es más difícil que uno en dos dimensiones, simplemente lleva más tiempo de cálculo porque involucra un mayor número de variables, que son los trocitos en los que hemos dividido nuestra estructura. Mientras que resolver un problema en 2d puede llevarnos segundos o minutos, en 3d el tiempo se puede disparar hasta unas cuantas horas o días, cuestión que dependerá del número de trocitos considerados.

El siguiente ejemplo ilustra el pilón de una prótesis transfemoral optimizada para un 25% de material del espacio inicial de diseño. Esa estructura es la parte de la prótesis que une la rodilla al tobillo. Tal y como anunciábamos en el primer capítulo, no hay que adoptar necesariamente esta solución como definitiva, ya que en ocasiones bien podría suponer un nuevo punto de partida donde volver a optimizar teniendo en cuenta otros aspectos.

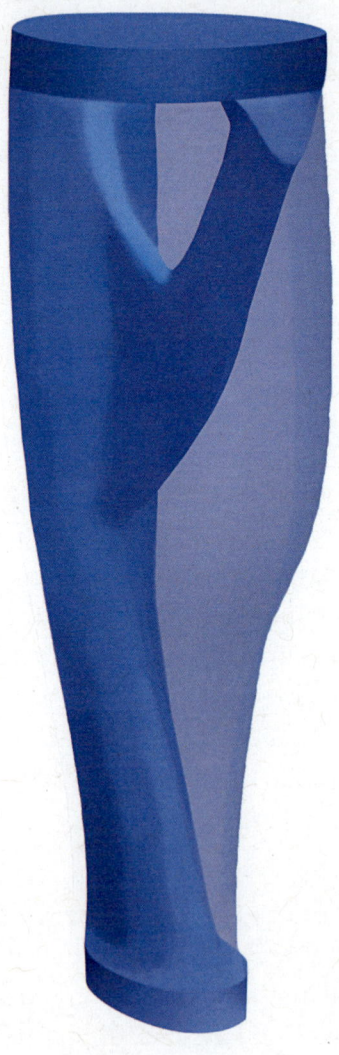

Tanto si optamos por acudir a un segundo nivel de optimización como si decidimos que hemos terminado, el siguiente paso consistiría en suavizar y describir, mediante expresiones matemáticas, todas las fronteras que definen a la pieza optimizada. Esto es necesario para poder disponer de un modelo en el que validar de forma realista, a modo de postproceso, las deformaciones y tensiones que tienen lugar en las piezas optimizadas, y comprobar que estas efectivamente quedan lejos de la tensión de fluencia. En definitiva, corroborar mediante un programa informático que las nuevas configuraciones sigan siendo funcionales, a pesar de ser más ligeras.

Por último, también sería necesario llevar a cabo esa etapa de suavizado de fronteras en el caso en que quisiéramos llevar a cabo, en una etapa posterior, la fabricación de la pieza mediante cualquier técnica de impresión 3d, por ejemplo. Pero eso es otra historia.

4. ¿Por qué se usa el corcho para sellar botellas?

Dentro de la comunidad científica, nadie parece poner en duda en considerar a la optimización topológica como una de las herramientas de diseño eficiente de estructuras más potentes en la actualidad. Pero vamos a ver también que es tremendamente versátil, ya que puede ir mucho más lejos de lo que imaginamos. Y probablemente la extensión más cercana al diseño de estructuras sea la del diseño de mecanismos.

A grandes rasgos, un mecanismo es un dispositivo que permite transferir una cierta entrada, que puede ser una fuerza o un desplazamiento, a otro punto de este, llamado salida, de una manera eficiente. En nuestro contexto mecánico, podemos ver un mecanismo como una estructura articulada formada por elementos estructurales de diferente geometría. Unas simples tijeras o el típico cascanueces de toda la vida son dos ejemplos de mecanismos que seguro hemos utilizado en más de una ocasión.

A diferencia de los mecanismos usuales, donde sus diferentes elementos mecánicos están unidos entre sí mediante pernos o pasadores, entre otros, existe otro tipo de mecanismos monolíticos (construidos de una sola pieza) cuyo funcionamiento se debe precisamente a la flexibilidad del material de que están hechos.

Lo realmente interesante de estas estructuras monolíticas es que son especialmente adecuadas de cara a diseñar *microelectromecanismos*. Esta palabra tan larga viene a referir a mecanismos actuados mediante energía eléctrica de un tamaño tan pequeño como el grosor de nuestra córnea, que tiene un espesor medio de 500 micras. Precisamente por las dimensiones involucradas (una micra es la milésima parte de un milímetro), se complica la fabricación de estos atendiendo a los métodos convencionales, ya que a eso niveles no se pueden poner tornillos en un mecanismo.

Otra de las ventajas que precisamente también tiene lugar a esa escala de trabajo tan pequeña es que podemos miniaturizarlos e introducirlos en el torrente sanguíneo para monitorizar u operar, por ejemplo. En fin, una auténtica pasada. Pero antes de ver cómo podemos abordar su diseño desde la perspectiva de la optimización topológica, debemos hacer una pequeña reflexión.

Cuando se diseñan estructuras, se sabe que la rigidez estructural (recordad que se trata de la resistencia que ofrecen al deformarse) es mayor cuanto más cantidad de material utilicemos. Eso es así, a mayor peso, mayor rigidez. Lo que ocurre es que, como hemos visto en ejemplos anteriores, es posible y conveniente reducir el tamaño (y con ello el peso) de algunas piezas o estructuras hasta unos límites que las permitan seguir siendo funcionales.

Por el contrario, cuando se diseñan mecanismos, el objetivo suele ser otro. A veces resulta interesante maximizar el desplazamiento en un cierto punto de este, y otras maximizar la ganancia del mecanismo, que se define como el cociente entre el desplazamiento a la salida y el de la entrada, y que nos da una medida de la eficiencia del mecanismo.

Bien, pues resulta que lo que acabamos de afirmar más arriba para estructuras, en general, no es cierto para el caso de los mecanismos. Es decir, no se conoce a priori la relación entre funcionalidad (el objetivo que buscamos) y peso (la cantidad de material empleado). Digamos que no existe una relación matemática conocida entre el objetivo y la restricción, así que cobra mucho más importancia si cabe la optimización topológica como herramienta de diseño en el caso de mecanismos monolíticos eficientes. Sin embargo, hay algo que sí tienen en común ambas situaciones: si la aparición de agujeros en un estructura la dota de más rigidez para un peso o volumen dado, en los mecanismos es totalmente necesaria la presencia de agujeros para conseguir el efecto deseado. Veamos un ejemplo muy ilustrativo para explicar esto último.

Imaginad que queremos diseñar un mecanismo de tipo inversor con la plancha de material que aparece en la siguiente figura. Esto quiere decir que, aplicando una fuerza en el punto A (la cual producirá un desplazamiento en dicho punto con el mismo sentido), buscamos maximizar el desplazamiento en sentido contrario en el punto B, es decir, en la dirección que indica la flecha. Por ese motivo recibe el nombre de inversor, porque buscamos invertir el sentido del desplazamiento. Supondremos también que las esquinas superior e inferior izquierdas están fijas con el fin de que lo tengamos anclado en dos puntos y no se nos vaya.

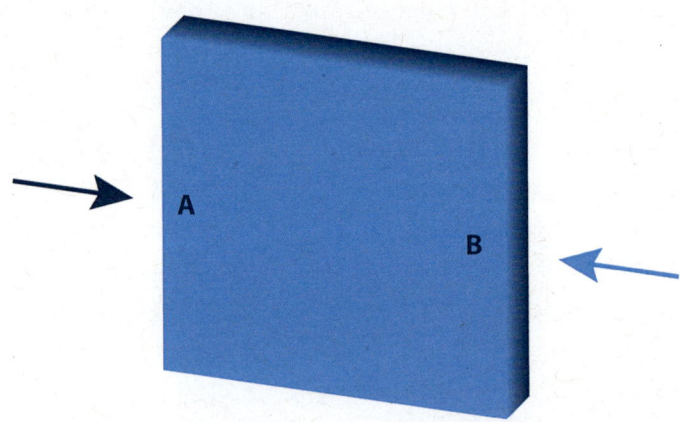

Obviamente, no es posible conseguir el efecto esperado si consideramos la anterior plancha homogénea sin agujeros de por medio, hay que retirar material de algún sitio, de modo que, de nuevo, menos es más. Deberemos pues crear el espacio necesario en el material mediante la introducción de agujeros de forma conveniente, esta es la clave, para producir nuestro objetivo. Pero a priori no sabemos si debemos *agujerear* más o menos la plancha anterior, ni tampoco dónde hacerlo, de modo que tenemos que confiar en las matemáticas.

Nuevamente, con una adecuada distribución de agujeros que nos proporciona la optimización topológica, conseguimos obtener la configuración de un mecanismo que de otra forma no sería posible. La disposición óptima del mecanismo inversor más eficiente para un 30% de material se ilustra en la siguiente figura.

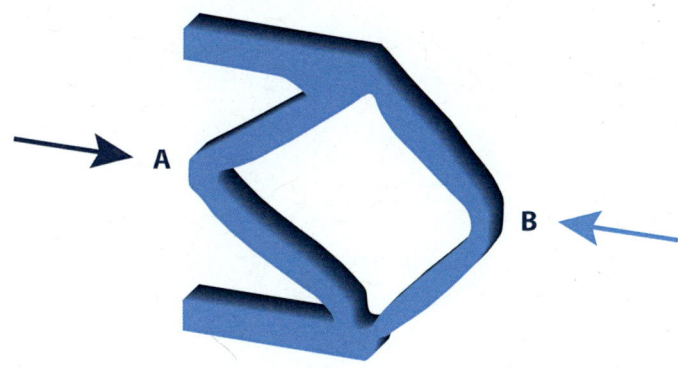

Y en efecto funciona como esperamos. Aplicando la fuerza en el punto de entrada A, las dos barras inclinadas de la izquierda se desplazan hacia la derecha, una lo hace hacia arriba y la otra hacia abajo. Esto obliga a que las dos barras de la derecha se desplacen hacia la izquierda, provocando finalmente el efecto deseado en el punto B.

Otro campo súper interesante al que aplicar la optimización topológica es el del diseño de materiales con propiedades atípicas, también llamados metamateriales. Nos estamos refiriendo a materiales con ciertas propiedades que no es habitual encontrar en la naturaleza.

Antes de meternos un poquito en faena, debemos saber que la microestructura de cualquier material (que, recordamos, es la configuración de este a escala muy pequeña), viene dada, en general, por la repetición periódica e infinita de lo que se conoce como celda base o celda unidad, que es la unidad mínima de repetición que lo caracteriza. Lo de infinito hay que relativizarlo. Bastará con repetir bastantes veces esa celda base en dos direcciones, alto y largo, si vamos a configurar un material, digamos, plano, o en tres direcciones, añadiendo el ancho si estamos en el espacio.

Una vez explicado eso, lo que ahora debemos de tener claro es que, para afrontar el diseño de este tipo de materiales vía optimización topológica, la clave está en entender que podemos tratar a una de esas celdas como un mecanismo a escala microscópica. Entender esto es crucial. Es decir, si se optimiza la geometría de una celda base de acuerdo con algún objetivo, entonces se puede dotar al material de unas propiedades generales o macroscópicas, también llamadas homogeneizadas, gracias a *La Teoría de la Homogeneización* desarrollada por varios matemáticos relevantes en los años setenta. Dicho con otras palabras, si una celda base se comporta microscópicamente de una cierta manera, macroscópicamente el material lo hará de forma similar. Veamos un ejemplo.

La mayoría de los materiales existentes en la naturaleza se acortan verticalmente si estiramos de ellos horizontalmente. Pensad en cualquier material homogéneo como, por ejemplo, una goma elástica de cierto espesor. Este comportamiento es totalmente intuitivo, debe ocurrir tal cosa para que se preserve la materia. En tales casos decimos que esos materiales se caracterizan por tener lo que se llama un coeficiente de Poisson positivo.

La pregunta que nos hacemos ahora es la siguiente: ¿sería posible diseñar un material con un coeficiente de Poisson negativo? Esto querría decir que ante un alargamiento longitudinal, experimentaría también un estiramiento en su dirección transversal. Este tipo de materiales tan peculiares se denominan *augéticos*, y una posible configuración que permite tal comportamiento aparece ilustrada en la siguiente figura.

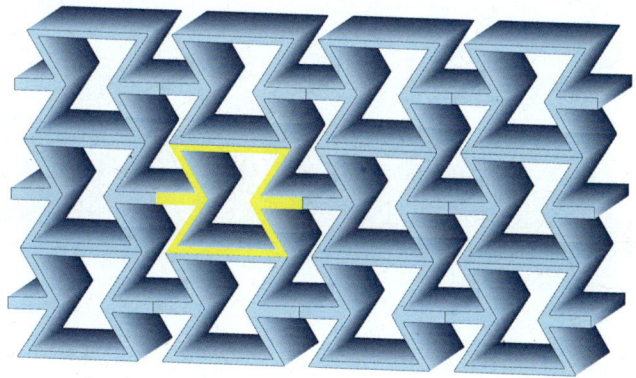

Si hemos entendido el funcionamiento del mecanismo inversor, entonces no deberemos de tener dificultades en seguir lo que voy a explicar a continuación. Vamos allá.

Si estiramos de los dos extremos, izquierdo y derecho, de la celda base en color amarillo, entonces las barras inclinadas se ponen verticales, y en consecuencia las barras horizontales se curvan, una hacia arriba y otra hacia abajo, produciendo el efecto deseado. Y esto es algo que se propaga por todo el material, celda a celda. De nuevo, esto se consigue mediante la resolución de un problema de optimización topológica, en el que se determina, dentro de un espacio de diseño (la celda base, en este caso) dónde se pone el material y dónde van los agujeros.

Existen múltiples celdas que debidamente repetidas originan diferentes configuraciones de materiales con esta propiedad. La siguiente figura muestra la fabricación de un material de estas características, con otra celda base, llevada a cabo por los ingenieros americanos A.T. Crumm y J. W. Halloran en 2007. Vamos a explicar bien cada una de las imágenes que aparecen.

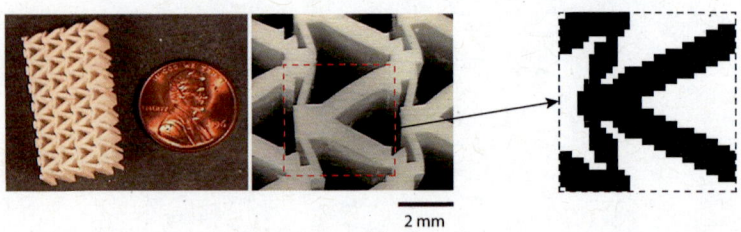

2 mm

La figura de la derecha constituye la celda base optimizada. Para obtenerla se ha cogido un cuadrado, como dominio de diseño, el cual se ha dividido en una malla de 30 x 30 píxeles, es decir, en 900 trocitos o cuadraditos. Para un volumen (o área) de material de un 35%, el algoritmo lo distribuye de esa manera para producir un efecto del tipo explicado anteriormente (es decir, un estiramiento horizontal provoca también un estiramiento vertical). El color negro indica que ahí depositamos material y el blanco representa el vacío. Esa configuración negro/blanco es el resultado del problema de optimización, información que podemos almacenar en un matriz (recordamos, disposición rectangular o cuadrada de números) con valores 0 (para el vacío) y 1 (material).

En el propio modelo también se han tenido en cuenta ciertas cuestiones relacionadas con la simetría para que la celda empalme bien a derechas, a izquierdas, arriba y abajo con el resto de las celdas que son como ellas, tal y como se aprecia en la imagen de en medio. A juzgar también por dicha foto, podemos observar que la celda base es realmente pequeña en la realidad, pues su tamaño es de aproximadamente 16 milímetros cuadrados. Repitiendo ahora esa celda unas cuantas veces en dos direcciones, alto y largo, y extrusionando en el ancho (esto quiere decir que simplemente le damos un ancho constante en una dirección perpendicular a las otras dos), entonces obtenemos a nivel macroscópico el material con coeficiente de Poisson negativo de la imagen de la izquierda.

A pesar de que este tipo de materiales augéticos presentan una serie de propiedades mecánicas mejoradas en comparación con los materiales convencionales, como mayor absorción de energía y resistencia a fracturas, entre otros, cabe destacar aplicaciones más concretas en terapia médica, como el diseño de prótesis, rodilleras o suelas en calzado deportivo mucho más funcionales.

Ocurre que al flexionar la rodilla o la planta del pie, este material no solo se estiraría en esa dirección, sino también en la perpendicular. Esto haría que la rodillera o la suela de la zapatilla de alguna manera *abrazara* a la rodilla o al pie, respectivamente, aportando una mayor protección y seguridad durante el movimiento. Pero qué duda cabe que las aplicaciones de este tipo de materiales son todavía objeto de estudio en muchos otros campos.

Decíamos antes que lo habitual es que los materiales presenten un coeficiente de Poisson positivo, sin embargo en la naturaleza existe un material muy conocido por todos en el que dicho coeficiente está muy próximo a cero: se trata del corcho. Si miramos en el microscopio la microestructura de este material, podremos apreciar que esta guarda cierta similitud con la de un material augético, de modo que prácticamente no se deforma lateralmente cuando estiramos de él. Y eso explica por qué el corcho es un excelente candidato para sellar botellas de vino.

Otro ejemplo bien curioso es el siguiente. Sabemos que, en general, los materiales se dilatan ante un incremento de temperatura. En esos casos el coeficiente de dilatación térmica es positivo. Pues bien, resulta que es posible diseñar materiales con un coeficiente de dilatación térmica próximo a cero e incluso negativo, es decir, que se contraigan ante un aumento de la temperatura. De nuevo, la clave radica en mezclar de una forma apropiada dos materiales con coeficiente de dilatación térmica positiva (de los usuales) como, por ejemplo, el hierro y el níquel, y un tercer material que de nuevo asume el rol del vacío. Al combinarlos adecuadamente usando optimización topológica, se origina una especie de mecanismo que produce ese efecto tan extraño a nivel global.

Este tipo de materiales resultan muy interesantes para ciertas aplicaciones en ingeniería dentro de los campos de la electrónica o la óptica, donde se precisan materiales que no se deformen en presencia de altas temperaturas.

Estos dos ejemplos de metamateriales, los augéticos y los de expansión térmica negativa, ponen en valor a la optimización topológica como herramienta de diseño para dar respuesta a problemas que, como los dos anteriores, quedan realmente lejos de nuestra intuición.

Podríamos continuar citando numerosos ejemplos en múltiples situaciones o contextos físicos donde la optimización topológica puede llegar a hacer cosas que parecen realmente sorprendentes. En el siguiente capítulo exploramos dos de ellas.

5. ¿Cómo se puede diseñar una nariz electrónica?

En muchas ocasiones las estructuras se encuentran sometidas a esfuerzos periódicos. ¿Qué quiere decir esto? Pues que las fuerzas aplicadas no tienen siempre unos valores fijos, sino que estos pueden ir variando, así como también el sentido de aplicación de estas. Dicho de otra manera, una fuerza puede en cierto momento comprimir una pieza, pero pasados unos segundos la puede estar traccionando, habiendo pasado en un instante por no ejercer fuerza alguna. Y todo eso repetirse cada cierto tiempo, llamado periodo.

Pensad por ejemplo en el pistón de un coche. Se trata de una pieza muy importante dentro del motor, ya que comprime la mezcla de aire y combustible. Una vez recibe la combustión de esta, el émbolo desciende para transformar esa energía calórica en movimiento del vehículo. Esta acción repetitiva del pistón, hacia arriba y hacia abajo, es un claro ejemplo de un movimiento alternativo que se puede aproximar bastante bien usando armónicos, que son funciones matemáticas de tipo seno o coseno.

La respuesta de una estructura a un esfuerzo periódico es obviamente un desplazamiento o una deformación que cambia o, mejor dicho, oscila en torno a un punto de equilibrio, punto que se corresponde cuando el esfuerzo ha cesado por un instante. Eso es lo que llamamos una vibración, como la que experimenta el tambor de toda lavadora en uso.

Cuando una vibración viaja, y entonces lo que pasa aquí y ahora tiene lugar en otro sitio un poquito más tarde, se convierte en una onda, tal y como le ocurre a una ola o a un terremoto, por ejemplo.

En líneas generales diremos que una onda es la propagación de la fluctuación o perturbación de alguna propiedad del espacio que implica un transporte de energía. Por otro lado, las ondas pueden ser de muchos tipos. Algunas muy conocidas por todos son las ondas elásticas, y, dentro de ellas, las sísmicas (el suelo vibra y esa perturbación tensional se propaga a lo largo de un medio elástico que es el terreno). También estamos bastante familiarizados con las ondas acústicas, que son las que transmiten algo asociado con el sonido. Y en este breve repaso no podían faltar las electromagnéticas, invisibles a los ojos, pero especialmente presentes hoy en día en las ondas de radio, televisión y telefonía móvil, entre otros.

Precisamente dentro del contexto de la propagación de ondas, surge un problema de diseño de metamateriales muy interesante que recibe el nombre de *band-gap*, que podríamos traducir como "ancho de banda prohibido" o algo así. Se trata de diseñar la microestructura de un material de modo que actúe como inhibidor de frecuencias, es decir, que no permita la propagación de una onda para una frecuencia concreta o para un intervalo de frecuencias.

Conviene aclarar que la frecuencia es una magnitud que nos expresa por unidad de tiempo el número de repeticiones de un suceso periódico (en nuestro caso, los esfuerzos que actúan sobre una estructura), de modo que su valor numérico coincide con el recíproco o elemento inverso de lo que definimos anteriormente como periodo.

Retomamos el problema del band-gap, ilustrándolo con el siguiente ejemplo. Imaginad que cogemos una plancha cuadrada de aluminio (en azul claro) y realizamos 10 x 10 inclusiones periódicas de un material plástico tipo resina (en azul oscuro), tal y como indica la figura. La celda base de esta estructura (recordamos, la unidad mínima de repetición) es un cuadrado de resina dentro de uno de aluminio, algo más grande este último.

Si ahora la sometemos a diferentes excitaciones periódicas en su lado izquierdo para diferentes frecuencias, entonces es de esperar que la onda se propague a lo largo de toda la estructura, y esta pueda medirse para cada frecuencia en el

lado derecho de la plancha. Bueno, en realidad, esto es una verdad a medias. Lo explicamos.

En efecto, la onda viajará prácticamente inalterada en todo el dominio de la frecuencia, salvo (aquí está el matiz) en un cierto intervalo de frecuencias o para una frecuencia concreta. Y eso ocurre a pesar de que tanto el aluminio como la resina son materiales que permiten propagar por separado la onda para cualquier frecuencia. Es decir, esto no hubiera ocurrido si la plancha hubiera sido homogénea, bien de aluminio o bien de plástico.

De nuevo, diseñando adecuadamente la celda base mediante optimización topológica (que, como dijimos antes, en este caso se corresponde con un simple cuadrado de aluminio que a su vez tiene dentro uno de plástico), y repitiéndola de forma periódica en las dos direcciones, se consigue el efecto deseado, un metamaterial llamado *fonónico* que actúa de inhibidor para la frecuencia que ha sido diseñado. Simplemente cambiando el tamaño o la forma de la inclusión del adhesivo, se puede evitar que la onda viaje a otras frecuencias concretas. Sorprendente, ¿verdad?

Un efecto similar se observa a mayor escala en otro contexto totalmente distinto. Resulta que es posible distribuir una plantación de árboles de una forma estratégica de modo que hagan de pantalla acústica verde para la reducción de ruido en carreteras y avenidas, o incluso para atenuar ondas sísmicas. ¿No es fabuloso? Esa distribución de árboles produce el mismo efecto que las inclusiones de resina en el anterior ejemplo, hacer que a la onda le cueste viajar debido a la presencia de heterogeneidades en el medio.

En una escala mucho más pequeña, en la de la micra, podemos encontrar también estructuras tipo band-gap con propiedades muy interesantes en optoelectrónica, la tecnología que combina la óptica con la electrónica. En particular, se pueden diseñar dispositivos que permitan guiar, controlar y manipular ondas, como la luz. Este tipo de materiales se hacen llamar *cristales fotónicos*.

En general, la ausencia de la condición de volumen a la hora de diseñar la celda base es una peculiaridad en este tipo de problemas de diseño. Dado que las ondas se propagan peor en medios heterogéneos (lo comentamos antes), en principio, no tiene sentido limitar de antemano la cantidad a usar de cada material dentro de la celda base que determina la microestructura.

Otro campo donde resulta de gran interés práctico estas ideas es en el de la piezoelectricidad. El término *piezo* es una palabra griega que significa presionar o estrujar, así que no es de extrañar que en un primer momento la piezoelectricidad se concibiera como la capacidad que presentaban algunos materiales de generar energía eléctrica al ejercer cierta presión sobre ellos, es decir, a partir de energía mecánica. Este fenómeno físico, llamado efecto piezoeléctrico directo, fue descubierto en 1880 por los físicos franceses Jacques y Pierre Curie estudiando la compresión del cuarzo, material bien presente en la mayoría de los relojes y ecógrafos, entre otros.

Poco después se dedujo el efecto inverso, al comprobar que también era posible deformar materiales ante el efecto de un campo eléctrico, fijo o cambiante con el tiempo.

En particular, cuando dichos materiales piezoeléctricos se deforman al ser sometidos a un voltaje o campo eléctrico, se dice que trabajan como actuadores. Y, por el contrario, si generan una carga eléctrica cuando se deforman por la acción de cargas mecánicas externas, decimos que trabajan como sensores porque la señal eléctrica generada puede usarse para medir la deformación de la estructura. De nuevo, esta dualidad se debe gracias a la reciprocidad del efecto piezoeléctrico.

Típicamente en este contexto físico el término transductor se usa indistintamente para referirse a un sensor o a un actuador como mecanismo o dispositivo involucrado en esa transformación de energía.

Curiosamente los materiales piezoeléctricos son dieléctricos, es decir, presentan una baja conductividad eléctrica, con lo que, a efectos prácticos, se consideran aislantes eléctricos. Sin embargo, en contacto con un electrodo (se trata de una lámina muy fina de un material que sí conduce la electricidad) bien adherido a ellos por las dos caras a modo de sándwich, configuran una especie de circuito eléctrico. Además, si polarizamos el electrodo de forma diferente por zonas (haciendo que en algunas partes la electricidad vaya en un sentido y en otras al contrario), podemos también inducir ciertas formas concretas de movimiento en la estructura.

Por otro lado, hemos de saber que una estructura, ya sea piezoeléctrica o no, puede vibrar de infinitas maneras, dependiendo, entre otras cosas, de su configuración deformada inicial. Lo que ocurre es que por compleja que imaginemos una vibración, esta, por lo general, puede ser descompuesta como suma de otras más simples, y estas formas más sencillas es lo que se conocen como modos de vibración. Y cada uno de estos modos tiene asociada una frecuencia concreta.

Un problema muy interesante en piezoelectricidad consiste en determinar qué zonas del electrodo hay que polarizar con polaridad positiva y qué partes con polaridad negativa, de modo que la estructura piezoeléctrica se mueva de una forma concreta (fiel a un modo de vibración), a la vez que se mantenga insensible a otros modos de hacerlo. Es decir, se puede diseñar un dispositivo que, bajo el efecto piezoeléctrico, pueda medir una señal eléctrica o actuar ejerciendo una fuerza mecánica concreta (dependiendo de si trabaja como sensor o actuador), pero sólo a la frecuencia para la que están diseñados. Esto es lo que se conoce como transductor modal piezoeléctrico, y sería algo así como el efecto contrario al fenómeno de tipo band-gap comentado anteriormente.

En la siguiente figura se muestra la disposición de la polaridad del electrodo adherido a una estructura que se encuentra sujeta en sus extremos izquierdo y derecho, y hace que vibre fuera de su plano como lo hace una cuerda en el juego del salto a la comba. Esa distribución tan particular del electrodo (que parece una pajarita) fuerza a que la estructura se mueva de esa manera concreta y no de cualquier otra (ya que hay infinitas, recordad), porque la propia configuración del electrodo no se lo permite.

Los colores blanco y negro ahora simplemente indican zonas de polaridad opuesta, es decir, polaridad positiva y polaridad negativa. Y da igual la correspondencia porque como las excitaciones (bien sean esfuerzos mecánicos o bien eléctricos) son periódicos en el tiempo, los signos de polaridad también se van alternando.

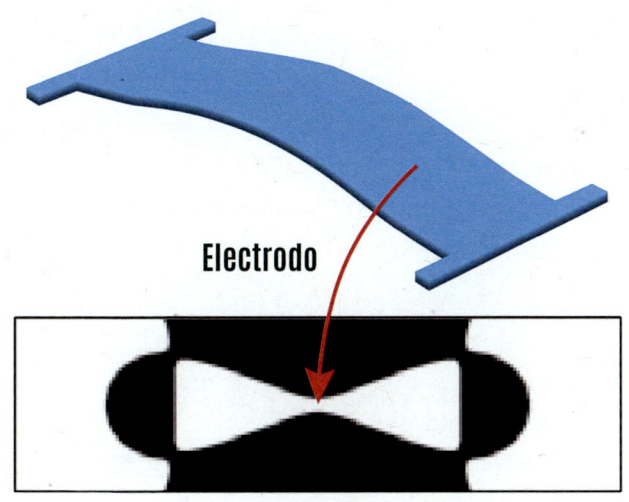

Si antes teníamos que decidir dónde poner material y dónde vacío, ahora el dilema que resuelve el problema de optimación es determinar qué zonas polarizar en un sentido y cuáles en otro. El problema es ahora diferente, pero la filosofía es la misma, y de nuevo usamos el mismo código de color para diferenciar ambas fases. Quedaría por comentar para qué podrían resultar útiles este tipo de diseños. Nos ocupamos de eso ahora.

Una aplicación muy interesante de este tipo de dispositivos es su uso como "nariz electrónica". De la misma manera que una de las funciones de una nariz humana es detectar olores y distinguir entre diferentes aromas, una *e-nariz* (así me he permitido bautizarla), la podríamos definir como un sistema microelectrónico cuya finalidad es detectar sustancias depositadas sobre una muestra, que sería ahora la estructura piezoeléctrica.

Como se sabe que cambios en la masa, producen modificaciones en las frecuencias de vibración, estas estructuras a modo de bio-sensores podrían ser interesantes para identificar sustancias tóxicas en el tracto respiratorio o vapores en gestión de residuos, al quedarse adheridas ciertas partículas sobre estas bio-probetas.

Hay que destacar de nuevo otro aspecto muy importante en este tipo de problemas desde la perspectiva de la optimización topológica, y es que, al igual que en los problemas de tipo band-gap, la restricción de volumen sigue estando ausente, simplemente porque no se necesita. Si limitamos a priori el área a ocupar por cada tipo de polaridad, no se podría producir el efecto deseado. Y esto es algo que vuelve a poner de manifiesto la idea con la que abríamos este libro, que funcionalidad y peso (o volumen o área, da igual, según el contexto) no tienen por qué estar reñidos en el proceso de diseño.

Tanto la concepción de metamateriales tipo band-gap como la de transductores modales son dos nuevos ejemplos de aplicación que ponen de manifiesto el potencial de la optimización topológica como herramienta de diseño. Sin duda, esto no acaba aquí, pues tal y como mencionamos en el capítulo anterior, el número de situaciones a los que aplicar esta técnica es cada vez más numeroso, y sin duda es de esperar que seguirá creciendo.

También comentamos anteriormente que la labor de optimizar la podíamos ver como una forma de adaptarse al cambio, de evolucionar, y es que, en realidad, la optimalidad siempre ha estado presente en el medio, en la naturaleza, aunque a veces nos pase totalmente desapercibida. Debemos hacer pues una profunda reflexión y llevar la mirada hacia ella, la naturaleza, si con ello queremos mejorar algunos de los aspectos de nuestra vida cotidiana, así como afrontar ciertos retos tecnológicos que sin duda nos deparará el futuro. El siguiente y último capítulo de este libro ahonda en esa dirección, tratando de conectarlo todo.

6. ¿Por qué las termitas no usan aire acondicionado?

Desde mucho tiempo atrás, el ser humano ha intentado imitar ciertos comportamientos observados en la naturaleza. Buen ejemplo de ello lo tenemos en el gran Leonardo da Vinci, polímata florentino del Renacimiento italiano. Inspirándose en el estudio del vuelo de las aves, diseñó varios aparatos parecidos a los actuales aviones o helicópteros. Todo su afán consistía en poder construir una máquina voladora que imitara en su funcionamiento el aleteo y planeo de los pájaros. Con el tiempo, él mismo se dio cuenta que el piloto de esa máquina nunca podría producir la energía suficiente por sí mismo para sustentarse, ya que la relación

ALBERTO DONOSO

entre potencia y peso en los músculos humanos era diferente a la de las aves. Sin embargo, nadie parece poner en duda que el diseño actual de las alas de los aviones está inspirado de alguna manera en el vuelo de pájaros y murciélagos.

La biomímesis o también conocida como *biomimética* es precisamente la ciencia que estudia la naturaleza como fuente de inspiración y que, imitándola, busca soluciones tecnológicas innovadoras a aquellos problemas que van surgiendo. El término actual que aparece en la RAE para denotar esto mismo es biomimetismo, el cual se define literalmente como la "*imitación de los diseños y procesos de la naturaleza en la resolución de problemas técnicos*".

El ingeniero y también biofísico alemán Otto Schmitt fue el que acuñó el término biomimética durante los años cincuenta. Y aunque más adelante fue siendo utilizado en diferentes contextos, realmente se popularizó gracias a la labor de la bióloga y divulgadora científica Janine Benyus. En uno de sus libros más famosos, publicado en 1997, titulado *Biomimicry: Innovation Inspired by Nature*, desarrolla la tesis de que los seres humanos deberían conscientemente emular el comportamiento de la naturaleza en sus diseños. Atendiendo a las explicaciones de la escritora estadounidense, ella enfatiza en ver la sostenibilidad como uno de los objetivos de la biomimética.

Hasta la fecha podemos encontrar un montón de escenarios que se han inspirado en esta ciencia. Vamos a revisar algunos de estos casos tan interesantes.

Comenzamos con el paradigmático aerodinámico di-

seño del tren de alta velocidad japonés Shinkansen, conocido coloquialmente como el tren bala, el cual mimetiza el
pico del pájaro conocido como martín pescador. Tratando
de imitar el aerodinámico zambullido de dicho ave, el cual
le permite atrapar pequeños peces sin apenas causar ruido,
el ingeniero Eiji Najatsu modeló la cabina del tren con el fin
de conseguir un medio de locomoción menos ruidoso, más
rápido y más eficiente energéticamente, también. Este es un
claro ejemplo de un problema de diseño (el de la cabina) que
puede modelarse usando optimización.

Otra investigación realmente reveladora corrió a cargo
del investigador Frank Fish, de la Universidad de West Ches-
ter (Pensilvania). Este biólogo estadounidense fue uno de los
artífices del descubrimiento de una de las ventajas evolutivas
de la ballena jorobada. Resulta que las aletas presentan unas
muescas que dotan de mayor aerodinámica y estabilidad a este
animal marino considerado como el mamífero más grande de

la Tierra. Y esa misma idea la han incorporado ya algunas empresas a la hora de diseñar turbinas eólicas con el fin de aumentar su eficiencia. De nuevo, determinar la forma óptima de las palas de estos aerogeneradores es otro problema que se puede abordar desde la perspectiva de la optimización topológica.

Muy interesante es también el diseño de tejidos aerodinámicos e hidrofóbicos (que repelen el agua) inspirados en la piel del tiburón. Algunos bañadores de la marca comercial *Speedo* emularon ese aspecto en el tejido años atrás. Lejos de quitar mérito al deportista olímpico más condecorado de todos los tiempos, Michael Phelps (apodado como "El tiburón de Baltimore"), seguro que le hicieron mejorar su rendimiento al reducir la fricción cuando con esas brazadas tan espectaculares se desplazaba contra la inercia del agua. Este es otro problema que sin duda podríamos tratar desde el enfoque del diseño de nuevos materiales.

A mayor escala podemos hablar también de la biomimética en el campo de la arquitectura. Un ejemplo paradigmático lo tenemos en el Eastgate Centre de Harare (Zimbabue), un complejo de oficinas que imita el diseño de un enorme termitero. Sorprendentemente, el edificio se consigue termorregular con su peculiar diseño sin usar refrigeración artificial, teniendo en cuenta que se encuentra emplazado en un lugar cuyas temperaturas varían entre los 3 y 42 grados Celsius. Y es que las termitas son unas auténticas maestras en materia de aire acondicionado. Parece que la clave radica en la geometría interna de los montículos de los termiteros, unas estructuras realmente optimizadas en términos de ventilación que funcionan de forma similar a como lo hace un pulmón.

Este y algunos otros ejemplos arquitectónicos aparecen recogidos en el maravillosamente ilustrado libro del divulgador Michael Pawlyn, titulado *Biomimicry in Architecture*. Este reputado arquitecto británico formó parte del famoso Proyecto Edén, una atracción turística localizada en el Condado de Cornualles (Inglaterra). Allí se encuentran cinco cúpulas de estructura geodésica que albergan miles de especies de plantas intentando emular un bioma natural, es decir, lo que vendría a ser un pequeño ecosistema. El objetivo inicial del parque era demostrar la capacidad de la naturaleza para regenerar un lugar deteriorado por la actividad humana.

Otra investigadora digna de mención por su incursión en la biomimética es la aclamada arquitecta israelí Neri Oxman, actualmente profesora e investigadora en el prestigioso MIT. Calificada como una persona adelantada a su tiempo por la también arquitecta Paola Antonelli, primera directora del MoMA (Museo de Arte Moderno de Nueva York), la bioarquitecta N. Oxman acuñó el término *ecología material*. Y usando este principio ha realizado números proyectos inspirados en la naturaleza y la biología combinados con la ingeniería de materiales que son dignos de admiración. O tal y como lo define ella, recogiendo sus propias palabras, dichos proyectos están *"embebidos de la sabiduría estructural, sistémica y estética de la naturaleza"*.

En la línea de arquitectura sostenible y uso de materiales ecológicos, destaca una estructura creación suya cuya primera versión fue fabricada en 2019 y recibió el nombre de *Aguahoja*. La estructura de cinco metros de altura estaba hecha de biocompuestos procedentes de caparazones de gambas, exoesqueletos de insectos y hojas caídas. Esta se veía alterada por la humedad y temperatura, y expuesta al agua de la lluvia,

ALBERTO DONOSO

el material se descomponía en sus componentes orgánicos, continuando así con el ciclo natural que permitió su síntesis. Es decir, su propia degradación aportaba nutrientes a la vida marina, favorecía la polinización y nutría a los microorganismos del suelo. En fin, una auténtica obra de arte que constituye en sí mismo un verdadero ejemplo de diseño sostenible.

Y así podría seguir llenando páginas y más páginas con ejemplos tan motivadores como los anteriores, pero ¿dónde encaja la optimización topológica en todo esto? Resulta sorprendente que la estructura interna del pico de una familia de aves denominados bucerótidos, así como el de otros pájaros tropicales (el tucán, por ejemplo), presente un aspecto similar a la parte interna del ala de avión optimizada que comentamos en el segundo capítulo. ¿Acaso es una casualidad? Para nada se trata de una coincidencia, ya que ambas estructuras, expuestas a fuertes cargas aerodinámicas, están inteligentemente dotadas de una adecuada relación entre rigidez y peso. No es de extrañar entonces que el pico de estos pájaros se haya adaptado a tales circunstancias adoptando esa estructura interna tan particular, lo que nos lleva a referir de nuevo la Ley de Wolff que mencionamos en el tercer capítulo. Por eso el pico del tucán es perfecto tal y como es, y si lo examinamos por dentro, puede darnos alguna pista de cara a diseñar alas de avión más eficientes.

Otro caso bastante reciente es el estudiado por investigadores del Instituto Tecnológico de Georgia (Atlanta) y de la Universidad Católica Pontificia de Río de Janeiro (Brasil). En dicho trabajo, publicado en 2021 en la prestigiosa revista *Science Advances* (de la familia de revistas *Science*),

proponían diseñar y fabricar unas microestructuras novedo-
sas que podrían mejorar la calidad de los implantes faciales
o de reconstrucción craneal, entre otras aplicaciones. Este
estudio estaba inspirado en dos animales marinos, la sepia y
la gamba mantis. El primero de ellos presenta una estructura
laminada y porosa que le permite resistir altas presiones bajo
el mar con un peso ligero que favorece su flotabilidad. Y el
segundo combina gradualmente en su caparazón una gran
flexibilidad a la vez que dureza, llevándole a resistir grandes
impactos.

   Todos estos ejemplos tan inspiradores parecen poner
de manifiesto una gran verdad: la optimalidad en la naturaleza siempre ha estado presente porque la naturaleza es óptima aquí y ahora. Y en ese proceso de continuo cambio que

llamamos evolución, la naturaleza se va transformando hacia lo que le resulta más conveniente, en definitiva, óptimo. Sabiendo esto y siendo conscientes de ello ¿qué podríamos hacer? Bueno, simplemente, dediquemos tiempo a estudiar, a observar, a encontrar analogías y a emularlas en la medida que la propia naturaleza lo permita y nosotros seamos capaces. Ya lo decía el célebre botánico y naturalista del siglo XVIII, Jean-Jacques Rousseau, *"Hay un libro abierto siempre para todos los ojos: la naturaleza"*. Qué duda cabe que apoyarnos en ella nos llevará a encontrar soluciones más creativas, funcionales y sostenibles, empleando para ello menos recursos. Y si no, pues ... siempre podremos recurrir a la optimización topológica.

Agradecimientos

Son muchas las personas con las que he colaborado y de las que he aprendido a lo largo de todos estos años y que, de alguna manera, me han servido de inspiración para decidirme a escribir estas páginas. Es imposible citarlas a todas (me olvidaría de alguien casi seguro), pero sí que referiré a aquellas que no pueden faltar.

Mis primeras palabras de agradecimiento van para Pablo Pedregal, mi director de tesis doctoral. Es la persona que cierto día apostó por mí, y muy generosamente me abrió la puerta al apasionante mundo de la optimización topológica (reconozco que fue un auténtico flechazo). Después, han sido muchos los años trabajando codo con codo con mi compañero y amigo José Carlos Bellido, sacando juntos muchas cosas para adelante, al que le estoy también muy agradecido por todo. Y en esta última etapa no me puedo olvidar de dos de los integrantes de mi grupo de investigación, David Ruiz y Ernesto Aranda, con los que se hace muy fácil trabajar. De ellos también he aprendido mucho y sigo haciéndolo cada día.

Quería recalcar, por otro lado, la inmensa suerte que he tenido al haber trabajado con investigadores muy reconocidos internacionalmente en el ámbito de la optimización topológica, como Ole Sigmund, James K. Guest y Gil-Ho Yoon, lo que me ha permitido adquirir una visión más completa a la hora de abordar ciertos problemas.

Finalmente, ajenos al mundo académico, no me quiero olvidar de otras personas que (probablemente sin saberlo) me han influido muy positivamente en estos últimos años, propiciando que adquiriera el enfoque, la determinación y el empuje necesarios para la nada desdeñable tarea de escribir un libro. A todos ellos y todas ellas, muchas gracias de corazón. En este apartado, especial agradecimiento va para mi amigo de la infancia Jose (así, sin tilde), por ofrecerse muy generosamente a leer un primer borrador de este texto y hacerme también reflexionar sobre algunas partes del mismo.

Respecto a la parte editorial, resulta gracioso que la empresa de edición se llame ÓPTIMA (no ha sido adrede, lo prometo). Quiero agradecer, en particular, a Gerardo Lozano, por su buena disposición y acogida desde el principio, así como por su excelente labor al frente de la maquetación de este libro. Por último, también quiero dar las gracias a Alfonso González-Calero, de Almud, la parte de la editorial encargada de la promoción, y a la librería Serendipia, que junto a Adicipec (asociación de divulgación científica y pensamiento crítico de Ciudad Real) me han ayudado a dar visibilidad a este libro.

Con la misma gratitud, en una nueva edición

Aunque esta segunda edición conserva íntegro el contenido original de la obra, no quiero dejar pasar la oportunidad de reiterar mi agradecimiento a todas las personas que, de una u otra forma, hicieron posible la primera publicación. También agradezco sinceramente a los lectores que compartieron sus comentarios: su apoyo, entusiasmo y difusión han dado sentido a esta nueva edición, permitiendo que el libro llegue a más personas.

En especial, quiero agradecer al escritor y divulgador Francesc Miralles, quien tuvo la generosidad de reseñar el libro en un programa de radio de la Cadena SER. Su gesto fue un impulso valioso en este camino.

Gracias por seguir acompañándome.